QUELQUES PROPOSITIONS

SUR

LES FONCTIONS DU FOIE

ET DE

LA VEINE PORTE,

ET SUR

LES PROPRIÉTÉS DE LA BILE,

PAR H. RIPAULT, D.-M.-P.,

ANCIEN INTERNE DES HÔPITAUX DE PARIS, MEMBRE DE LA SOCIÉTÉ ANATOMIQUE
DE LA MÊME VILLE, ET DE LA SOCIÉTÉ MÉDICALE DE DIJON.

*Omnibus glandulis nobilius est jecur, et ad vitam
maxime necessarium.*
MALPIGHI, *de Hepate.* Tom. II, p. 258. — 1687.

DIJON,
CHEZ LES LIBRAIRES DÉCAILLY ET LAMARCHE.

PARIS,
CHEZ J.-B. BAILLIÈRE, LIB. DE L'ACADÉMIE ROYALE DE MÉDECINE.

Septembre 1839.

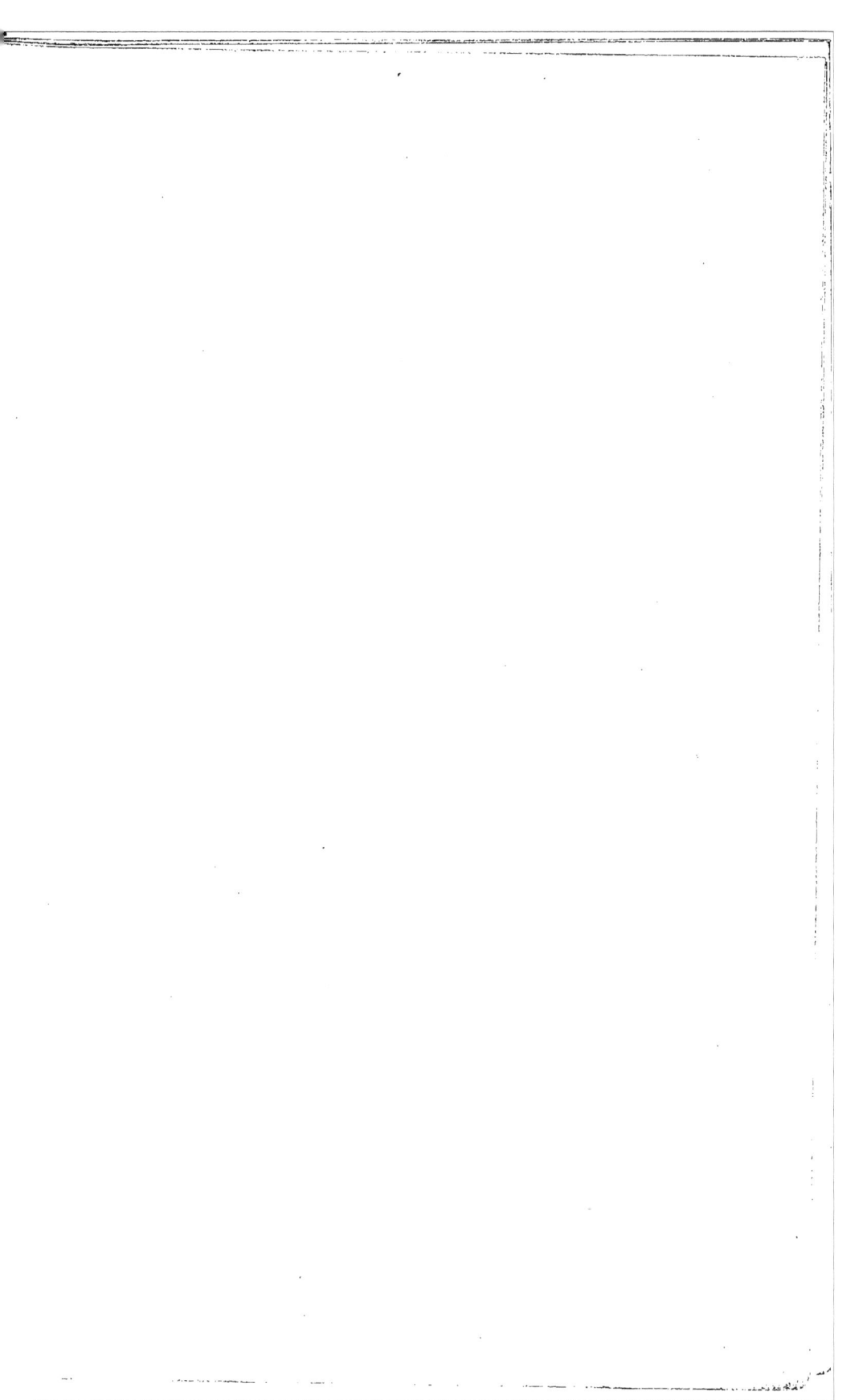

Tb ^{33} 9

QUELQUES PROPOSITIONS

SUR

LES FONCTIONS DU FOIE

ET DE

LA VEINE PORTE,

ET SUR

LES PROPRIÉTÉS DE LA BILE,

PAR H. RIPAULT, D.-M.-P.,

ANCIEN INTERNE DES HÔPITAUX DE PARIS, MEMBRE DE LA SOCIÉTÉ ANATOMIQUE
DE LA MÊME VILLE, ET DE LA SOCIÉTÉ MÉDICALE DE DIJON.

*Omnibus glandulis nobilius est jecur, et ad vitam
maxime necessarium.*
MALPIGHI, *de Hepate.* Tom. II, p. 258. — 1687.

— ◦◦◦ —

DIJON,

CHEZ LES LIBRAIRES DÉCAILLY ET LAMARCHE.

PARIS,

CHEZ J.-B. BAILLIÈRE, LIB. DE L'ACADÉMIE ROYALE DE MÉDECINE.

Septembre 1839.

DIJON. — Imp. de SIMONNOT-CARION.

A Monsieur

LE DOCTEUR BALLY,

Médecin de l'hôpital de la Charité de Paris, Vice-Président de l'Académie royale de Médecine, Chevalier de la Légion-d'Honneur, etc.

𝕾𝔬𝔫 𝔞𝔫𝔠𝔦𝔢𝔫 é𝔩è𝔳𝔢 𝔦𝔫𝔱𝔢𝔯𝔫𝔢,

H. RIPAULT.

AVANT-PROPOS.

Je m'occupais à réunir depuis quelque temps les matériaux que j'ai eu l'occasion de recueillir, durant le cours de mes études, sur les maladies du foie, en y joignant la lecture des auteurs qui nous ont fait connaître le fruit de leurs recherches et de leur expérience sur la même matière, quand je me suis aperçu, après un premier examen, qu'il fallait avant tout posséder des notions positives sur l'anatomie de l'organe en question. Parmi les particularités qui sont relatives à sa structure si compliquée, aux vaisseaux si nombreux et si divers dont il est pourvu, à son volume, enfin, si considérable, eu égard aux autres glandes à l'ordre desquelles il appartient, celle qui semble le plus digne d'intérêt se rattache aux usages que doit remplir un viscère dont le développement énorme en fait seul ressortir toute l'importance. Cependant, nous devons faire l'aveu de l'ignorance où nous sommes encore sur ce sujet. C'est une chose étrange même de considérer que l'histoire des maladies nombreuses dont il est le siége se perfectionne tous les jours avec les plus grands avantages pour la science, tandis que l'on n'a pas entièrement soulevé le voile qui couvre le mystère de ses fonctions.

L'on tombe généralement d'accord sur un point : c'est que le foie doit passer pour l'organe sécréteur de la bile ; encore le mécanisme de cette fonction est-il ignoré, et l'on peut regarder comme des hypothèses les explications multipliées qui ont été successivement produites, pour assigner à telle portion du foie plutôt qu'à telle autre, à tel ordre particulier de vaisseaux de préférence à un système de vaisseaux différens, la faculté de fournir les élémens du fluide que je viens de nommer.

En parcourant tous les traités que j'ai eus sous la main au sujet de la structure du foie, je n'ai pas cessé d'être frappé d'une circonstance que voici : c'est qu'un vaisseau qui est presque aussi considérable que la veine cave, et dont les fonctions consistent à porter dans le foie le sang qu'il puise de tout le système veineux abdominal, que la veine porte enfin, après les nombreuses divisions qu'elle subit à travers la substance du foie, retrouve à peu près son volume primitif au moment où elle va verser dans la veine cave, par le moyen des veines hépatiques, le sang qu'elle rapporte du viscère in-

diqué. Voilà un fait digne de toute notre attention,
bien que les auteurs laissent habituellement passer inaperçues les considérations curieuses auxquelles il doit se prêter sous le point de vue de la
physiologie, ou, en d'autres termes, des fonctions
du foie, lesquelles, pour le dire par anticipation,
sont d'une très-grande importance et d'une influence
incontestable sur l'hématose. Il y a évidemment là
une proposition problématique à résoudre, et l'on
peut assurer que le besoin d'arriver à la solution
de cette sorte de problème, et d'en dégager pour
ainsi dire l'inconnue, est assez fortement senti pour
éveiller depuis quelque temps le zèle des anatomistes
et des médecins qui peuvent mettre à profit les ressources dont ils sont en mesure de disposer. De mon
côté, je me propose d'aborder cette matière, et je
compte sur quelque indulgence, en soumettant là-
dessus à mes confrères une esquisse rapide, légère
ébauche (*opusculum inchoatum*), qui est le fruit
de lectures et de réflexions.

Sans doute ma position de médecin dans une ville
de province m'empêche de donner au sujet l'étendue qu'il comporte, et me laisse le regret d'avoir
été dans l'impossibilité de le poursuivre avec les
avantages que procure ordinairement le séjour des
villes regardées à juste titre comme des centres de
lumières, sous le rapport de la médecine et des connaissances qui peuvent y être utilisées. Mais il est

bon de ne point toujours se laisser intimider par l'insuffisance de nos moyens, et il est permis d'oser joindre quelquefois ses efforts à ceux des plus ha-biles, sans avoir la crainte d'être taxé d'une folle témérité. Je trouve même à cette occasion de puis-sans encouragemens, et je puis donner à mes jeunes collègues l'assurance de la douce consolation que l'on goûte, en ne laissant pas tout-à-fait perdre les résultats, quels qu'ils soient, de notre faible labeur. Sachons mettre à profit l'ardeur qui nous possède encore au début de notre carrière médicale ; car il arrive une époque où nous sommes privés du con-tentement que la lecture nous donne. Quel peut être alors le moment de consacrer ses loisirs au culte des auteurs et des livres, dont le but, à la fin, est d'or-ner une bibliothèque, dès qu'on se livre avec en-traînement aux exigences du public et de la clien-telle, cette ennemie de nos études, qui vient toujours trop tôt en interrompre le cours et en troubler les charmes ?

Je vais dire avec les intentions droites que l'on me suppose, je l'espère, quelle opinion je me forme de mon sujet : c'est qu'il aura l'avantage de provoquer sans doute de nouvelles recherches encore, et de donner lieu, enfin, à des tentatives heureuses pour la science. Dans cette pensée, faite pour ranimer le courage, je n'hésite plus à entrer en matière.

QUELQUES PROPOSITIONS

SUR

LES FONCTIONS DU FOIE

ET DE LA VEINE PORTE,

ET SUR

LES PROPRIÉTÉS DE LA BILE.

1. Une des causes qui concourent le plus à couvrir d'obscurité la question long-temps débattue sur les fonctions du foie, et sur la source des matériaux de la bile, c'est l'impossibilité où l'on est d'obtenir des notions précises au moyen des expériences. Il est si rare d'ailleurs de pouvoir interroger les organes vivans avec fruit! Bichat, dont la grande sagacité ne connaissait presque jamais d'obstacle dans l'interprétation des phénomènes de la vie, qui savait, à l'aide des vivisections, et avec la plus rare habileté, tirer le meilleur parti de ces dernières et de leur valeur physiologique, Bichat à cet égard pensait d'une tout autre manière. Il avait renoncé aux éclaircissemens que fournissent de semblables études appliquées aux voies biliaires. Il

se fondait sur les rapports des parties, et sur leur con-
nexion avec des organes profondément placés et trop essentiels pour compter sur quelque bon résultat de leur examen durant la vie. Que de tissus, en effet, sont alors
délabrés ! Aussi, aux yeux de ce grand anatomiste, la ligature de l'un des vaisseaux qui se rendent au foie passait-
elle pour une tentative inutile et insignifiante. Il essaya
pourtant cette opération une fois : « Je n'ai pas pu l'ache-
ver, dit-il, j'en étais presque persuadé d'avance. »

L'on parle, il est vrai, de quelques essais plus heureux
pour la science que les précédens. A cet égard, il est bon
de rappeler que ces épreuves sont en trop petit nombre
pour mériter une confiance qui ne s'accorde, en de pareilles
matières, qu'aux faits basés sur des démonstrations sans
réplique. D'ailleurs ces mêmes épreuves ont souvent donné
lieu à des résultats contradictoires, et elles ont ainsi con-
couru à embarrasser la question : elles offrent en outre le
grave inconvénient de n'en éclairer qu'un des côtés, sans
qu'il soit possible de compter sur de grandes lumières aux
avantages de l'ensemble. Car à peine voit-on ce qui se passe
dans l'endroit lésé qui est le siége de l'expérimentation ;
le reste nous échappe, et c'est l'essentiel. Peut-on, en effet,
s'attendre à distinguer quelque chose de bien important sur
des parties déchirées, souillées de sang et abîmées ? Enfin,
de pénibles efforts n'auront abouti à rien ; et notre ignorance restera la même qu'auparavant, sur le mode de sécrétion de la bile, sur les matériaux qui la fournissent,
sur les modifications du sang dans le foie, et sur les qualités respectives qu'il acquiert alors.

2. Pour arriver à des données du moins un peu plus satis-
faisantes dans un sujet aussi compliqué, n'avons-nous pas
à notre disposition quelque ressource dernière, et ne pou-

vons-nous pas proposer un expédient qui maintes fois,
dans des recherches ardues, s'est montré propre à faire
surmonter une partie des difficultés ? Rien n'empêche, en
effet, de recourir tout simplement au flambeau de l'anatomie : il peut aujourd'hui nous offrir une lueur moins pâle
qu'auparavant, si surtout l'on considère combien d'heureux
élémens d'activité lui ont été fournis, et combien de pré-
cieuses découvertes dépendent à présent de la facilité avec
laquelle tout, jusqu'aux particules de nos organes les plus
ténues, se grossit avec éclat, grace à la puissance du microscope.

3. Sous ce rapport, un exposé rapide de la disposition
intime et comme cachée du viscère qui nous occupe est
une chose nécessaire avant d'aborder les déductions dont
nous nous sommes proposé l'analyse. Je ne saurais ni
mieux choisir ici, ni rien présenter de plus précis que les
corollaires suivans, qu'un examen scrupuleux du tissu du
foie a permis à M. le professeur Cruveilhier d'établir avec
quelques avantages pour le sujet que nous avons en vue.

« En examinant la coupe d'un foie de cochon à l'aide
du microscope simple, dit M. Cruveilhier, j'ai vu de la manière la plus manifeste que chaque granulation présentait
l'aspect poreux et spongieux de la moëlle du jonc ou du
sureau, en sorte que le tissu propre du foie représenterait
une sorte de filtre.

« Cette disposition était encore bien plus prononcée sur
des foies que j'avais fait injecter avec de l'huile de noix, soit
pure, soit colorée en bleu ; la matière colorante, poussée
dans la veine porte, s'était comme infiltrée dans le tissu
spongieux du foie. — L'injection de la veine ombilicale
chez le fœtus donne les mêmes résultats. » Tom 2, pag. 572
du *Traité d'Anatomie descriptive.*

Le savant professeur dont je cite l'ouvrage n'a négligé aucun des moyens propres à donner à ses recherches l'apparence et les preuves d'une grande clarté. Sans rapporter l'histoire de ses expériences et des injections successives qu'il a faites, et qu'il a variées quant à la couleur et à l'ordre des vaisseaux qui les recevaient, je rappellerai seulement la conséquence de cette série d'essais : « c'est que chaque grain glanduleux du foie présente un appareil vasculaire ainsi disposé :

« 1° Au centre, un canal biliaire;

« 2° Sur un plan plus excentrique, un cercle vasculaire formé par les ramifications de la veine hépatique;

« 3° Un cercle vasculaire concentrique au précédent, formé par les ramifications de la veine porte et de l'artère hépatique.

« Quant à la manière dont se comportent la veine porte et l'artère hépatique, l'une par rapport à l'autre, on voyait, en suivant ces deux ordres de vaisseaux dans l'épaisseur du foie, les divisions de l'artère hépatique accompagner rigoureusement dans leur distribution les divisions de la veine porte, et les canaux biliaires, que nous avons dit être contenus dans la même gaîne, se ramifier et se perdre sur les parois de cette veine et des canaux, à peu près comme les artères bronchiques se ramifient et se perdent sur les parois des divisions bronchiques. J'ai dû conclure que l'artère hépatique était, par rapport au foie, les *vasa vasorum* de la veine porte et des canaux biliaires; ce qui expliquerait la disproportion qui existe entre cette artère et le foie. »

Il est essentiel de ne pas perdre de vue la disposition respective des divers vaisseaux qui parcourent tout le foie. En regrettant de n'avoir ni les moyens, ni les talens nécessaires pour répéter ces études, afin d'en saisir avec tout le fruit possible les aperçus nouveaux qu'elles nous présensent, j'invite ici le lecteur à se rappeler que la manière d'envisager le foie et les rapports réciproques de ses vaisseaux, adoptée par M. Cruveilhier, est celle à laquelle je me conformerai dans la suite de cette brochure, pour le développement de mes idées. J'admets donc que l'injection des veines hépatiques pénètre dans la partie centrale des grains glanduleux, partie nommée substance jaune du foie ; qu'au milieu de la partie centrale a lieu l'injection du canal biliaire ; qu'enfin, autour de l'injection des veines hépatiques, l'on voit celle de la veine porte et de l'artère hépatique qui occupent alors toute la substance, dite rouge, du même viscère.

4. Une disposition aussi curieuse de la part des vaisseaux qui circulent dans l'intérieur du foie est bien faite pour nous amener à faire d'importantes réflexions. N'est-on pas frappé de l'arrangement tout particulier des cercles successifs dans lesquels serpentent les fluides sanguins, selon l'ordre qui leur est assigné pour une élaboration dont le but se juge aisément, d'après la manière dont chacun des cercles s'emboîte dans celui qui l'enveloppe, et autour d'un autre qu'il environne à son tour, jusqu'à un dernier qui fait le centre de l'ensemble, et où se dépose un certain produit qui n'est pas autre chose que la bile ? Une sorte de rapprochement pourrait se faire entre ce qui arrive là et ce qui se passe dans le poumon, où chacune des vésicules qui forment la composition de cet organe est constituée par un appareil qui résulte de l'entrelacement successif de cercles dans lesquels circule un fluide dont la destination est d'être modifié ou purifié (sang veineux) afin d'être converti en un fluide qui devienne assimilable (sang artériel), tout en laissant se dé-

gager un produit étranger, sorte de résidu, dont l'élimination doit se faire au milieu des élémens alibiles que le principe vital veut s'approprier. Il n'est personne qui ne sache
que le centre des vésicules pulmonaires est le point aboutissant de la matière dont il s'agit (gaz acide carbonique), qui
doit être dégagée de l'organisme et reportée au dehors durant l'expiration.

5. Je dois ici rendre compte de la circonstance de laquelle dépend le rapprochement que je viens d'établir entre
l'appareil hépatique et l'appareil pulmonaire. En me livrant
avec soin à l'examen des vaisseaux qui se répandent dans le
foie, j'ai toujours été frappé de la disposition des veines
sus-hépatiques, au moment où elles arrivent à la veine cave.
Il m'a semblé qu'il y avait une sorte de ressemblance entre
elles et les veines pulmonaires, quand elles se rendent au
lieu de leur destination. L'oreillette gauche étant ouverte
et tendue, l'on voit les orifices de ces dernières, sans val-
vules, bien béans, amplement ouverts, et par lesquels s'é-
coule le fluide sanguin, dont rien n'entrave la marche. Vous
retrouvez la même disposition pour les veines hépatiques :
à droite et à gauche de la veine cave, dont le diamètre
s'élargit alors, aboutissent les deux troncs principaux de
ces veines, dont les orifices, bien arrondis par leurs bords
et constamment tendus, n'éprouvent jamais de gêne pour
l'écoulement du liquide qu'ils renferment.

La comparaison là-dessus peut être promptement établie,
à l'aide d'un très-simple examen et d'une opération cadavérique bien facile. A cet effet, voici le procédé que je suis
et que j'indique, pour me dispenser de joindre une planche
à cette brochure, comme j'avais eu l'intention de le faire
d'abord. Ouvrir l'abdomen et la poitrine largement : pour
cette dernière cavité l'instrument nommé costotome est

utile. Inciser le diaphragme à gauche du ligament suspenseur du foie ; relever le poumon droit, et fendre de haut en bas, dans toute la longueur à droite, la portion inférieure de la veine cave descendante, l'oreillette et la partie sus-diaphragmatique de la veine cave ascendante. De cette façon, et indépendamment des veines sus-hépatiques, l'on voit complètement la valvule d'Eustachi, quand elle est bien prononcée.

La meilleure manière d'apercevoir à la fois les quatre orifices des veines pulmonaires dans l'intérieur de l'oreillette gauche consiste à couper transversalement cette dernière, dans toute l'étendue de son insertion, au ventricule correspondant. L'on peut fendre ensuite, selon sa longueur, le bout flottant de l'auricule ; écarter avec les doigts les bords divisés ; enlever soigneusement le sang qui se trouve refoulé dans l'intérieur de la cavité auriculaire : alors on aperçoit bien distinctement dans le fond les orifices béans des vaisseaux. Il faut avoir la précaution de ne pas enlever d'abord les poumons. Cette coupe, que je recommande, n'est indiquée nulle part : elle a l'avantage de faire mieux apprécier la capacité de l'oreillette gauche, qui m'a toujours paru plus grande qu'on ne l'indique généralement dans les auteurs.

6. Retournons à notre sujet. La structure du foie vient d'être déterminée aussi bien que nos connaissances actuelles nous permettent de le faire, toutes les ressources de l'anatomie ayant été mises à contribution et en évidence. D'après cela l'on peut juger de la manière dont s'opère le départ de la bile. Déjà nous avons fait entrevoir qu'il nous semblait que ce phénomène n'est pas sans une certaine ressemblance avec le mode de séparation du gaz acide carbonique dans les deux poumons. Étudions à présent ce qui se rattache à

la veine porte aussi bien qu'à la bile ; et nous aurons donné à nos idées le développement qu'elles réclament, si nous établissons toutes les raisons suffisantes pour faire regarder la bile comme une humeur dégagée du sang de la veine porte, lequel a besoin d'être comme tamisé dans le foie, avant d'arriver au cœur. Nous allons donc nous occuper d'abord du vaisseau volumineux ou de la veine indiquée.

7. L'existence d'un organe quelconque fait nécessairement supposer l'accomplissement d'un certain ordre de fonctions, dont l'importance se mesure d'après la disposition anatomique et la structure de l'appareil organique même. Sous ce rapport, la veine porte nous présente toutes les conditions nécessaires pour nous donner lieu de croire que ses usages sont d'un caractère spécial, d'une nature toute particulière. Des ramifications nombreuses, multipliées à l'infini, dont la naissance se trouve dans les intestins, le duodénum ; la rate, etc. ; d'autres ramifications répandues dans le tissu du foie ; enfin un tronc commun, qui établit un rapport évident, continuel entre les deux divisions intestinale et hépatique : voilà en dernière analyse la composition du système de la veine porte ; système isolé de tout le reste de l'appareil veineux général, autant qu'il nous en paraît séparé par la différence du fluide qu'il reçoit, et auquel il sert de canal, afin qu'il subisse ailleurs d'autres changemens.

L'on connaît trop bien, pour y revenir ici, la disposition de cette veine et de ses branches, de ses troncs splénique et mésentérique, de son sinus qui est fort ample, et la distribution de ce même vaisseau dans le foie, aussi bien que la manière dont il s'y partage et la façon particulière dont il se trouve enveloppé dans cet organe. Mais a-t-on obtenu jusqu'à présent une explication précise de ses

usages? L'on s'est entretenu bien long-temps dans les
écoles du mode de la circulation dans cette veine, de la lenteur avec laquelle le sang y chemine; et l'on faisait valoir
pour cette raison l'inertie du vaisseau et celle du liquide
qu'il contient, inertie qui tenait, disait-on, à la présence
de certains sucs acides, visqueux et gras. Delà le concours
de tant de circonstances défavorables, qui devaient être
considérées comme le point de départ du grand nombre de
maladies dont le foie était réputé le siége. N'a-t-on même
pas là-dessus, pendant une longue suite d'années, généra-
lisé hors des proportions que Stahl admettait lui-même le
rapprochement de mots qu'il fit à l'occasion de la veine
porte : *Vena porta, porta malorum, tanquam cardialgico-
rum, spleneticorum, hœmat-emeticorum, hypochondriaco-
rum, colicorum, hystericorum, hœmorrhoïdalium?* (STAHL,
Ars sanandi cum expectatione, 1730, p. 36). Mais nous verrons plus loin que la veine porte a pu recevoir une tout autre dénomination.

Le sang de ce vaisseau possède des attributs imparfaits
et qui ont pour mélange un résidu dont il importe qu'il se
dépouille; voilà pour le moment le point essentiel à examiner.

8. En général, l'absorption est une fonction qui appartient en partie au système veineux ; et, sans tenir compte
de toutes les opinions émises à cet égard, quand bien
même l'on en serait réduit à ce fait reconnu que les lymphatiques communiquent avec les veines par l'intermédiaire
des ganglions, il est toujours certain que les veines, et
notamment la veine porte, jouissent d'une faculté absorbante à un haut degré. Cette sorte de privilége doit être
surtout attribué à ce genre de vaisseau, s'il s'agit des bois-
sons et des liquides de l'absorption desquels les veines sont

les agens directs, sans aucune intervention de la part des lymphatiques, qui semblent même complètement étrangers à ce mode d'élaboration. Les preuves là-dessus reposent sur des expériences qui ne comportent point de réplique. Aussi est-il permis de supposer, avec les témoignages de savans physiologistes, que tant de matériaux réparateurs, au milieu de toutes les différentes parties solubles qui concourent à leur composition, ne sont pas de nature à se mêler impunément avec la masse du sang; ce qui nous conduit à reconnaître la nécessité d'une grande et continuelle dépuration pour ces matériaux dans leur passage au milieu des organes auxquels ils doivent fournir l'entretien et la vie.

9. Ces données générales sur l'absorption des veines s'appliquent d'une manière évidente et comme directe au système de la veine porte. Le foie est un viscère dont le mode de sécrétion n'a point d'analogie sous ce rapport avec les autres glandes. Partout dans ces derniers organes les artères sont les agens principaux d'une sécrétion appropriée, et les vaisseaux chargés du transport de la quantité de sang nécessaire ont un calibre qui semble convenablement en rapport avec le volume entier de l'appareil glandulaire. Assurément il n'en est point de même pour le foie dont l'artère hépatique, qui devrait remplir les mêmes conditions que les autres artères, se trouve avoir des dimensions respectives si petites avec celles de l'organe où elle se rend, que nous avons rappelé plus haut la comparaison qu'il était bon d'établir entre elle et les artères bronchiques qui, par rapport aux poumons, remplissent l'office de *vasa vasorum*.

Pour l'explication d'un phénomène aussi singulier qu'exclusif, et pour l'analyse des fonctions dévolues au foie, qui est hors de toute proportion avec la pauvreté d'élémens de

nutrition semblables à ceux qu'il recevrait de l'artère hépatique; enfin, pour démontrer la non-participation des autres ordres de vaisseaux du foie, dans la production du fluide
propre à cette glande, des physiologistes du siècle précédent, Bordenave et Dumas entre autres, font dépendre de
la veine porte les matériaux de la sécrétion hépatique. A cet
égard, l'on citait comme preuves incontestables, et la disposition de cette veine, et la continuité de ses derniers ra-
meaux avec les pores biliaires, et le défaut de sécrétion
de la bile par son engorgement (bien qu'Abernethy et La-
wrence citent, dit-on, des vices de conformation où la veine
porte manquait, sans que la sécrétion biliaire en fût altérée), et la nature du sang qui y circule, et les particules
huileuses, même fétides, dont il est chargé, et la lenteur
enfin de son mouvement. Toutes ces considérations, ad-
mises alors comme bien fondées, suffisaient pour faire apprécier à leur juste valeur les usages de la veine porte.

10. Il est aisé de se convaincre que la sécrétion biliaire
est proportionnelle au volume de la rate et de l'artère splénique, en prenant en considération le volume de ce dernier vaisseau chez l'adulte, où l'activité de la sécrétion
dont on parle est infiniment plus grande que chez le fœtus,
dont l'artère hépatique offre un volume considérable, comparativement à l'artère splénique, qui a, dans les premiers
temps de la vie, des dimensions relatives fort petites. Ce
fait anatomique, qui est suffisamment démontré, semble
nous autoriser à croire combien est grande et réelle la par-
ticipation de la veine porte dans la production des matériaux sécrétés par le foie.

11. A l'opinion des physiologistes du siècle précédent
nous allons joindre le sentiment d'écrivains plus modernes.
Dans leur estimable Traité de physiologie qui a joui jusqu'à

présent d'un succès non interrompu, MM. Richerand et
Bérard rappellent les argumens que l'on fit jadis valoir en
faveur de ceux qui regardent le sang de la veine porte
comme constituant la source de la sécrétion biliaire. (*X^e édi-
tion*, *tom.* 1er, *p.* 314). Il est à regretter que ces deux savans
professeurs n'aient pas donné l'indication des auteurs qui
partagent là-dessus notre manière de voir : nous n'aurions
pas été dans l'obligation de nous étendre davantage à ce
sujet. Quoi qu'il en soit, il est douteux que l'on puisse regarder comme motivée l'objection qu'ils opposent aux par-
tisans de ce système, laquelle est basée sur l'absence de tout
principe particulier dans le sang veineux abdominal. Il est
juste de répondre ici que, tant que l'on se contentera de l'analyse chimique du sang, sans pouvoir y joindre d'autres modes
d'exploration, les témoignages de ce genre, si concluans
du reste dans beaucoup d'autres circonstances, ne condui-
ront souvent qu'à des documens erronés, dont on a presque toujours l'occasion de démontrer l'insuffisance. Rien
de plus difficile, il est vrai, que d'avoir à sa disposition
les moyens nécessaires pour se bien diriger dans une pareille question, dont la solution, pour être bonne, demande l'évidence la plus grande, jusque dans les plus pe-
tits détails. L'on ne pénètre pas comme l'on veut le jeu
d'un vaisseau aussi profondément caché que la veine porte,
ni ce qu'elle doit ressentir de la combinaison, du nombre
et des causes toujours changeantes des différens principes
qui circulent dans cette partie mystérieuse de notre organisme. Et jusqu'à la lenteur de la circulation veineuse
abdominale, que l'on a fait valoir comme une condition
capable de mieux assurer la séparation des matériaux de la
bile, condition particulière dans ce cas, et qui se trouve
même favorable à l'ordre de nos idées, tout, dans des

études aussi ardues, nous demeurera un sujet de doute, susceptible seulement de se prêter au vaste champ de nos hypothèses. C'est avec l'aide de l'analogie que l'on peut espérer de sortir de ce labyrinthe organique. Car un genre quelconque de recherches, exclusivement basé sur l'inspection et l'étude chimique de nos parties, ne formera souvent qu'un ensemble de ressources susceptibles d'être promptement anéanties. Une pareille méthode, insuffisante pour le cadavre, devient trompeuse pour les vivisections ou pour l'analyse de nos tissus seulement.

12. Selon le célèbre physiologiste Haller, la veine porte reçoit une vapeur qui vient de l'abdomen, sorte de liquide qui est absorbé de la surface du mésentère et des intestins, du pancréas, de la rate et enfin de toutes les parties d'où l'on voit surgir les branches de ce vaisseau, en y comprenant les principes extraits des matières excrémentielles et qu'apportent les veines hémorrhoïdales à cette espèce de foyer commun. De semblables idées sont assurément bien admissibles, à présent que l'on sait d'une façon positive que les veines mésentériques sont susceptibles de pomper une partie des fluides contenus dans les premières voies, tout aussi bien que le système des vaisseaux absorbans : et cette faculté absorbante directe se démontre aisément par l'injection d'une liqueur qui, poussée dans la veine porte, passe de là dans l'estomac et ses dépendances, c'est-à-dire dans l'appareil intestinal.

13. Nous ne craignons point de le répéter; à nos yeux le foie reçoit de la veine porte les élémens destinés à l'entretien et à l'activité de sa sécrétion.

· Indépendamment des motifs allégués plus haut pour fonder cette assertion, nous croyons devoir la baser encore sur la manière toute différente dont se comportent, relativement au foie, la veine porte et les veines hépatiques. Si la première se trouve enveloppée de la capsule de Glisson, ou plutôt de Walæus (Jo.), c'est sans doute afin que le cours du sang soit ménagé, le ralentissement de ce liquide devant avoir pour effet de favoriser la séparation des substances dont il est imprégné. Les veines hépatiques dépourvues d'une semblable capsule, adhérentes par conséquent au tissu du foie, ont au contraire la faculté d'être toujours amplement ouvertes, surtout avant de se rendre à la veine cave. De cette façon, le sang qui remplit ces mêmes veines, au moment où elles le reçoivent épuré et convenablement disposé à faire partie de la circulation générale, peut arriver sans obstacle au but qui lui est assigné.

Nous avons donc bien des raisons pour penser que la veine porte contient dans ses élémens sanguins quelques principes non assimilables, étrangers, ou même impurs. S'il en est ainsi, ce ne sera point sans doute vers le cœur qu'elle en favorisera la direction et le départ. Mais, après s'être servie du foie comme d'un filtre organisé, de manière à retirer du sang toutes les parties contraires et nuisibles à ses qualités, cette même veine porte déposera toute matière impure et gênante dans un appareil d'un ordre différent. Ce sera, si vous voulez, alors les conduits biliaires et leurs réservoirs. Nous entrerons plus bas dans quelques développemens sur l'examen de ce dernier point.

14. Quant au foie, il semble que nous devions regarder sa composition comme étant sous la dépendance immédiate des phénomènes qui se passent dans son intérieur; et dans certaines classes animales, cet organe paraît être tel que le fait l'espèce ou variété de sang qui lui est fourni par la veine porte. Ce liquide, en provenant des intestins, est chargé, pendant son trajet dans les vaisseaux, de principes insaisissables

sans doute; et si quelque substance étrangère lui imprime
des qualités diverses, il s'en dépouille en passant dans le foie
où ces produits se déposent à l'aide de l'opération que nous
venons de faire entrevoir. Cette dernière remarque nous est
suggérée par l'analyse que l'on a faite récemment de l'huile
du foie de la morue et de la raie. MM. les chimistes allemands
Hopfer et Hansmann (*Journal des connaissances médicales,*
juin 1838, article de M. Vée), en trouvant de l'iode dans
le foie de ces poissons, ont assurément rendu bien plausibles
les motifs qu'ont les médecins d'adopter souvent ce genre de
remède dans les maladies qu'entretient le vice rachitique ou
scrophuleux. Pour nous, la présence de l'iode dans le foie
de morue, loin de nous étonner, semble fournir de nouvelles preuves à l'appui de l'idée que nous présentons ici.
Dût-on supposer que l'existence de l'iode dépend du milieu
qu'habite le poisson et de sa nourriture, bien que je ne
sache pas que ce corps ait été rencontré encore dans le foie
de quelques autres habitans des mers, toujours est-il que
l'on se sent en quelque sorte disposé à croire que cet organe,
pour épurer le sang, doit en isoler un principe qui n'est
point parfaitement assimilable avec les autres parties de
l'organisme, du moins dans l'état naturel, et dont la condition, par conséquent, serait d'être éliminé plus tard.

15. L'on possède des faits qui font croire à de grands dé-
rangemens dans les fonctions de la nutrition, à la suite de
certains obstacles à la circulation du sang dans le tronc de
la veine porte. Des exemples de ce genre ont été cités avec
tout l'intérêt qu'y ajoute une savante discussion sur leur
importance, par M. Reynaud, alors qu'il était encore interne des hôpitaux de Paris, et qui est un des praticiens les
plus distingués de nos départemens. Dans ce Mémoire, ex-
trait du *Journal hebdomadaire de médecine,* 1829, se trouve

une remarque qui nous paraît offrir ici l'avantage d'un certain à-propos. Chez un malade hydropique et dont le mal a
fini par un dépérissement rapide, le sujet ayant conservé
une faim dévorante, de nombreux obstacles à la circulation
du sang furent rencontrés à l'examen des différentes parties
de la veine porte. En rapprochant cette altération du phénomène physiologique que présenta le malade sous le point
de vue de son vaste appétit, M. Reynaud fait observer que
l'inanition pouvait être causée, non pas par le défaut d'alimens, mais par suite de la difficulté que les matériaux ab-
sorbés trouvaient dans leur passage à travers la veine
porte; et, d'après la remarque de l'auteur, la soif vive,
qui causait, autant que la faim, un tourment continuel,
mérite d'être attribuée à cette cause et aux effets de cette
lésion même. Quant à moi, je crois volontiers que, dans
bien des circonstances analogues, l'on aurait obtenu quelques explications après des recherches convenables, si l'on
avait toujours eu la pensée d'une coïncidence toute directe
entre les différentes maladies de la veine porte et de l'abdomen, entre une vive sensation de la soif et de la faim,
et une oblitération de ce vaisseau ou même de ses divisions.

16. D'après ces considérations, qui, d'ailleurs, sont très-
bornées, sur l'état des produits contenus dans la veine porte,
il est clair que le sang que cette veine fait passer dans le
foie doit être pourvu de qualités spéciales qui ne le rendent pas comparable au même liquide renfermé dans les
autres vaisseaux. Mais il est évident aussi qu'après une élaboration suffisante, le fluide sanguin se trouve dans des
conditions pareilles à celui de la masse entière, à moins
qu'il n'existe une maladie dans le tissu de l'organe qui l'é-
pure : et si quelques viscères sont lésés de façon à nuire
aux qualités du sang, si ce liquide ne reçoit qu'imparfaite-

ment l'influence nécessaire à la vie, comme on le remarque dans la phthisie pulmonaire où l'hématose est viciée, il n'y aura plus que le sang élaboré par le foie qui se trouve en quelque sorte dans un état normal. Quand tout le reste a cessé d'être parfait et régulier, le premier n'a point encore subi d'atteinte dans son principe , c'est-à-dire depuis le moment de sa formation. De cette circonstance il résulte qu'il fonctionnera sans obstacle, et que ses effets tout naturels donneront le change, en faisant prendre, sinon pour une maladie, du moins pour une disposition propre à de certaines affections, un état qui témoigne simplement de la conservation de l'une des parties du corps, au milieu du désordre qui détruit tout l'ensemble. Serait-ce s'abuser, par exemple, en supposant que l'état gras du foie, qui est particulier aux phthisiques, dépendrait d'une cause pareille? En passant dans les veines hépatiques pour se rendre à la veine cave, après s'être dégagé de la veine porte, le sang aurait une activité supérieure au reste du même fluide veineux en général, laquelle lui laisse déposer dans le foie d'abondans et de riches produits dont il se trouvera dépouillé bientôt au travers d'un poumon malade et prêt à s'user.

17. Enfin, sans rechercher d'autres preuves en faveur de notre opinion sur le sujet dont nous poursuivons l'étude, nous rappellerons que le foie obéit, pour ainsi dire, à l'état des vaisseaux qui alimentent son tissu. Il est tel que se trouve la circulation dans son intérieur, et son volume dépend de la disposition de la veine porte surtout. L'état de vacuité ou de plénitude de ce vaisseau rend l'organe en question ou plus affaissé et plus ridé, ou plus saillant et plus gonflé. Comme ce même organe glanduleux recèle les conduits qui fournissent les matériaux de son travail, il

arrive que ce travail s'opère, non pas seulement par la masse du parenchyme hépatique, mais principalement par une combinaison bien entendue, et par un accord parfait entre la somme des vaisseaux qui y circulent et le volume des parties, ou mieux des granulations dont l'office est de modifier le sang avant son entrée dans le torrent circulatoire. L'on conçoit d'après cela que le foie s'accommodera mieux à la disposition des parties voisines que le cœur, par exemple, qui est un organe de projection et de mouvemens très-actifs, pour l'accomplissement desquels l'absence de toute gêne et de la moindre contrainte est un besoin de première nécessité. Pour le foie, un obstacle quelconque peut exister, mais extérieurement ou à sa circonférence, sans entraver d'une manière bien funeste son libre exercice. En un mot, ce n'est pas du pourtour de son parenchyme que cet organe pourrait ressentir de fortes souffrances, mais bien plutôt de sa surface plane et inférieure, de celle qui est du côté de ses élémens essentiels et des parties où aboutissent les vaisseaux qui mettent en jeu toutes ses fonctions.

18. D'après tout ce qui précède, il est clair que le foie doit imprimer à l'organisme des modifications susceptibles d'être appréciées durant la vie, et il n'est point douteux que l'on trouvera dans le volume plus ou moins grand de ce viscère, et, par suite, dans l'énergie plus ou moins prononcée de ses fonctions, différens attributs que l'on appliquait jadis surtout à certaines espèces de tempérament. Cette manière de voir, entièrement conforme à une saine observation, s'accorde aussi très-bien avec les autres fonctions que nous cherchons à assigner au foie, quelle que soit là-dessus la divergence des opinions.

19. Après avoir considéré ce même organe comme l'aboutissant du système veineux abdominal chez l'adulte,

il est utile de signaler la disposition qui lui est particulière dans le fœtus où il nous offre un phénomène plus complexe, celui d'un double système veineux. Pour faire apprécier avec une évidence supérieure à toutes les preuves précédentes le grand rôle que le foie est appelé à remplir à toutes les époques de la vie, il suffirait de dire que ce rôle s'exerce d'une manière plus spéciale peut-être, dans le temps de l'évolution de notre organisme. Assurément la turgescence de son tissu est alors un fait assez saillant pour nous conduire à reconnaître qu'il a une destination bien différente de celle qui lui est généralement accordée ; puisque c'est le moment de l'existence où la sécrétion qu'il opère, et que l'on regarde presque comme son unique fonction, est le moins développée et le moins abondante. Aussi est-ce à l'époque du premier âge que le foie paraît être surtout un agent indispensable de la sanguification. Pendant la vie, s'il ne sert à monder, à purifier, à bien préparer enfin que la masse du sang envoyé par l'appareil abdominal, chez le fœtus ses usages ont bien autrement d'importance. Il devient pour le sang destiné à entretenir et à développer le nouvel être l'organe de l'hématose par excellence. C'est une sorte d'appareil pulmonaire qui vivifie le fluide sanguin arrivant du placenta et de l'utérus, où il était loin encore de se trouver organisé à un degré convenable pour le produit de la gestation.

20. Mais comment s'opère la modification imprimée alors au liquide réparateur en question ? C'est ici que se groupent différentes hypothèses auxquelles se rattachent en même temps bien des raisons de doute. (Voyez là-dessus le Traité de l'art des accouchemens de M. le professeur Velpeau, tom. 1er, pag. 369, et l'Essai sur la nutrition du fœtus, par J.-Fréd. Lobstein; Strasbourg, 1802, p. 133).

Rien, en effet, ne nous prouve d'une manière incontestable le fondement de l'opinion émise par Fourcroy, qui attribuait la modification du sang chez le fœtus à une sorte de *décarbonisation* et de *déshydrogénisation*, à moins que l'on ne soit disposé à entendre par ces mots l'élimination de certaines substances étrangères et non alibiles, comme cela se passe effectivement. Toutefois, nous n'avons pas de preuves assez fortes pour que nous restions convaincus que cette soustraction consiste dans une véritable *décarbonisation*. D'autres, d'après leurs propres observations, ont cru que l'on pouvait avancer que le foie est le viscère où se montrent les premiers globules sanguins du fœtus : mais des faits nombreux nous démontrent que les choses ne se passent point ainsi.

L'on a dit encore que le foie ne reçoit une quantité aussi considérable de sang que pour sécréter une quantité proportionnelle de bile, qui se trouve d'ailleurs très-grande, et qui est reportée dans l'intestin grêle, où elle effectue, par l'abondance salutaire de son mucus, la nutrition et la digestion du fœtus, tout ensemble. Mais ne sait-on pas que la bile ne se rencontre dans les intestins du fœtus que dans une proportion singulièrement faible, comparativement au volume du foie et à la sécrétion qu'il opère chez l'adulte ? Enfin l'on a voulu que le même organe eût la faculté de sécréter une matière albumineuse et nutritive qui remplît les canaux hépatiques, le duodénum et l'intestin grêle. L'analyse et l'examen des produits du foie, durant la vie embryonaire, ne justifient en aucune façon une opinion semblable.

D'après ces exemples, et d'autres que nous pourrions rapporter encore, il faut reconnaître l'importance que l'on a de tout temps attachée au volume du foie pour expliquer son influence sur le sang, bien qu'on ne précisât point d'une manière directe les modifications qu'il faisait ressentir à ce liquide.

21. Veut-on se mieux pénétrer de la grande part que doit avoir le viscère dont il s'agit dans l'accomplissement de la sanguification? Il faut lire les traités de l'anatomie comparée, et l'on trouvera là des preuves irrécusables en faveur de notre sentiment. Dans l'impossibilité où je me trouve de faire convenablement ressortir les avantages que fourniraient ici les exemples pris dans ce genre d'études, je me contenterai de rapporter ce qu'écrit à ce propos M. Cruveilhier, dont j'ai déjà cité l'ouvrage. « Il existe dans l'échelle animale un rapport inverse entre le volume du foie et le développement des organes de la respiration, en sorte qu'il paraît qu'il est beaucoup plus considérable chez les reptiles et les poissons qui respirent peu que chez les animaux qui respirent beaucoup, tels que les mammifères et les oiseaux. » *Tome 2, p.* 549.

22. Jadis, les médecins Arabes, Italiens, Allemands, et ceux de beaucoup d'autres pays, s'appuyaient de l'autorité de Galien pour considérer l'organe en question comme le foyer de l'hématose. *Caro namque hepatis, primum sanguificationis est organon et venarum principium.* (Lire la suite de ce passage au livre IV de Galien, de l'Usage des parties du corps humain, chap. 12.) C'était sans doute d'après ce même passage que les anatomistes du temps de Vésale, de Riolan, de Bauhin et de Spigel, parlaient ainsi qu'il suit des organes enveloppés par le péritoine, l'épiploon, les intestins, le mésentère et le pancréas : *sicut de organis coctioni primæ vel chylificationi dicatis : et in iis quæ secundæ coctioni sive sanguificationi inserviunt, primarium est hepar.* Aussi disait-on alors généralement,

actio hepatis est sanguificatio. Cependant la manière dont, jusqu'à présent, j'ai envisagé les attributions ou les propriétés du foie, ne doit pas être confondue avec l'opinion des anciens. Il est bon, d'ailleurs, de rappeler que depuis long-temps il avait été fait justice du sentiment de Galien ; et Thomas Bartholin, dont le savoir avait une si grande étendue, dit Haller, porta le premier les derniers coups à la prétendue propriété du foie de *cuire* et de *colorer* le sang.

23. Pour donner à nos remarques, sur l'importance de la veine porte dans ses rapports avec le foie, toute l'étendue qui leur est nécessaire, il convient d'aborder un ordre nouveau de preuves à l'appui des propositions précédentes. Ainsi l'appareil hépatique, chargé d'opérer l'extraction d'un liquide destiné à l'entretien de l'organisme, doit également nous présenter toutes les conditions propres à favoriser le départ des matières dont la présence serait un obstacle pour une assimilation convenable. Autrement dit, si la veine porte a pour fonction de conduire au foie un sang qui n'a été ni élaboré, ni purifié, et qui est le résultat, comme on l'a répété, de toutes les impuretés abdominales, il demeure évident que ce même résidu ne peut être de la moindre utilité, et que le foie, chargé d'une sorte de soutirage, ne le distraira des principes assimilables que pour le reporter au dehors, en profitant de l'onctuosité dont jouit ce même résidu, afin de faciliter l'écoulement des matières rejetées par les intestins. Aussi sommes-nous conduit maintenant à l'examen de la bile et de ses propriétés.

24. Les physiologistes anciens et modernes tombent presque tous d'accord pour regarder la bile comme un fluide très-composé et propre en conséquence à être utile en grande partie à l'assimilation et à l'entretien des principes du chyle. C'est le résultat des analyses chimiques qui, dans

ces derniers temps surtout, a décidé les savans à maintenir cette opinion universellement accréditée ; et ce sujet a fait dernièrement encore la matière d'un mémoire de M. Demarçay, lequel a été accompagné d'un rapport favorable adressé par M. le professeur Dumas à l'Académie des sciences. L'auteur s'était exclusivement occupé de la bile de bœuf : aussi, malgré l'analogie que présente ce fluide dans les différentes espèces animales, ne pouvons-nous pas porter le même jugement que s'il existait une ressemblance absolument parfaite. Souvent, en effet, l'application des phénomènes observés chez les animaux à l'interprétation de ceux qui se passent chez l'homme, ne conduit qu'à des données fort incertaines. Au surplus, nos connaissances sont encore loin d'être complètes sur l'ensemble de tous les corps différens que la bile contient ; et, comme le fait remarquer M. Dumas, « dans tout ce qui touche à l'explication des phénomènes de la vie, il est si difficile d'arriver à des résultats simples, qu'on ne sera pas surpris de voir que le travail de M. Demarçay ne termine pas l'étude de la bile. » Je le crois aisément ; car nous sommes privé d'un grand nombre d'élémens nécessaires à cet effet, comme je l'ai déjà dit ; et, en nous trouvant contraint de reconnaître dans le cas présent l'insuffisance de la chimie, continuerons-nous d'appeler à notre aide le concours des moyens qui sont le mieux à notre disposition ; nous voulons dire l'analogie et le raisonnement.

25. Voici les raisons qui nous portent à penser que la bile n'a pas, comme fluide d'assimilation, l'utilité qui lui est prêtée généralement.

L'on peut se demander d'abord comment il se fait que, dans le cas où elle nous serait nécessaire autant qu'une humeur récrémenteuse, des traces de son produit ne se rencontrent que dans les parties excrémentielles seulement; *bilis non inficit chylum amaritudine*, c'est une sorte d'axiome reçu et répété depuis long-temps.

26. La composition même de la bile nous semble une preuve acquise contre ses prétendues propriétés de recéler un produit susceptible de se mêler à l'organisme. En effet, il faut alors, pour un mélange parfait, que toute substance soit entièrement dépourvue de principes âcres, trop actifs et irritans; la première condition d'un corps nourricier étant de posséder des qualités comme tempérantes, douces et légères, tout-à-fait opposées à celles que la bile nous présente. Il se trouve même dans cette dernière une sorte d'âcreté assez prononcée pour faire croire que la tunique intérieure de la vésicule biliaire n'est molle, fongueuse et sans cesse recouverte des mucosités que sécrètent ses cryptes glanduleux, qu'afin d'être défendue de l'impression trop active de la bile qui y séjourne. Les savans auteurs d'un ouvrage qui jouit d'une grande renommée, en insistant sur la cause des mucosités de la vésicule, paraissent n'avoir pas remarqué que le lecteur cesserait de trouver un rapport parfait dans les usages d'un fluide dont ils destinent une grande partie pour les absorbans, et dont l'âcreté qu'ils lui reconnaissent demande cependant à être mitigée et en même temps corrigée, à l'aide d'un petit appareil que la nature, suivant ces auteurs, semble avoir réservé à cet effet.

27. Nous ne devons pas perdre de vue des faits d'anatomie pathologique qui prouvent que la suspension de la sécrétion biliaire n'a nullement empêché la chylification de s'opérer tout aussi bien qu'auparavant. L'on sait que, sur ce point, les expériences de M. Brodie ont rencontré des résultats diamétralement contraires de la part de

MM. Magendie, Leuret et Lassaigne. Certes, si les vivisections, aux yeux du physiologiste anglais, ont donné
lieu à un arrêt remarquable dans la chylification, après la
ligature du canal cholédoque, elles ont conduit à une conséquence bien différente les expérimentateurs français qui
ont vu le chyle se produire sans interruption, et comme il
continue de le faire dans maint cas varié d'oblitération des
voies biliaires.

28. La vésicule du fiel et le canal cystique ne sont même
pas d'une nécessité absolue. C'est un fait avancé depuis
long-temps et que confirme souvent l'examen cadavérique
des vieillards, surtout dans les hospices qui leur sont destinés. Tous les jours l'on peut reconnaître que l'engorgement
des parties de l'appareil dont nous parlons ne détermine
pourtant pas un changement bien préjudiciable au reste des
fonctions; et c'est en quelque sorte impunément que la
capacité des voies biliaires est réduite au conduit hépatique
et au canal cholédoque. Cette disposition accidentelle est à
mes yeux, la plupart du temps, une conséquence de la
faiblesse acquise de la part du foie : elle nous donne lieu
d'admettre une diminution réelle d'activité dans la veine
porte, laquelle ne fournit plus que des matériaux peu
abondans et peu chargés de tous les principes divers qui
s'y rencontrent à un âge moins avancé, à raison de la
quantité bien restreinte dans les alimens et du choix de
ceux qui sont en général alors utilisés. Si la bile était une
humeur nécessaire à l'entretien du corps, la diminution
de sa proportion habituelle, en faisant défaut à l'organisme,
occasionnerait quelques troubles et de certains dérange-
mens qui le mettraient en souffrance. Au contraire, si
elle constitue un liquide comme étranger, dépourvu de
toute utilité, et tel enfin que nous nous représentons

3

l'urine, autre produit d'une sécrétion dont le mécanisme,
bien qu'inconnu, semble vulgairement moins caché que
celui de la bile, je ne vois plus dans la disposition signa-
lée chez certains vieillards qu'un soin très-efficace de la
part de la nature, qui, en diminuant la quantité des matériaux destinés à un organe, et en limitant son exercice et
son travail, semble alors restreindre les rouages nécessaires pour le jeu parfait de ses fonctions. Rien de semblable n'arriverait si la bile nous était essentielle : car, pour
avoir ses qualités requises, il faudrait qu'elle fût élaborée
dans la vésicule, afin de porter ensuite dans l'intestin un
produit entièrement perfectionné. Or, l'on vient de voir
qu'il n'en est pas toujours ainsi, et qu'il importe peu que
la bile soit rendue dans le duodénum, dès que le foie en
opère la sécrétion, ou après avoir séjourné dans la vésicule, pour être conduite à sa destination en temps convenable.

Je le dis ici par anticipation : il est à présumer que la
vésicule n'existe pour recevoir la bile que dans le temps où
le dépôt de cette dernière dans le duodénum serait défavo-
rable aux fonctions de cet intestin. Il est donc à propos que
la bile ne soit épanchée comme excrément qu'à de certains intervalles, et non continuellement, à l'instar de la
vessie urinaire qui est destinée à empêcher l'écoulement
continuel d'un liquide inutile, mais dont le départ se règle
avec une certaine mesure, et à des momens qui devaient
être comme déterminés, pour ne point devenir incommodes.

29. Ce rapprochement entre les fluides biliaire et urinaire, envisagé sous le point de vue précédent, et
sur lequel nous aurons lieu de revenir, me conduit à
ajouter qu'il en est de la vésicule du fiel comme de la vessie.
La première remplit l'office d'un réservoir pour une pro-

portion variable de bile qui se perfectionne par son séjour dans ce même réservoir. Elle y acquiert une teinte plus foncée, une amertume plus grande, et une consistance plus forte, à cause de l'absorption de ses parties aqueuses. Puis elle devient une matière inutile ; ce n'est plus, comme l'urine, qu'un corps étranger dont il importe que l'économie animale soit débarrassée.

30. L'importance qui est accordée généralement à la bile n'aurait-elle point pour cause le temps même où s'opère son excrétion dans le duodénum ? L'on a lieu de penser, avec raison, que la vésicule ne verse le fluide dont elle a eu le dépôt pendant l'état de vacuité de l'estomac, qu'à l'époque où ce même organe et les intestins se remplissent d'alimens. C'est à cette circonstance que se trouve lié le rapport qui a toujours été admis entre l'écoulement de la bile et celui de la masse alimentaire : delà se déduisait l'efficacité de la première pour rendre meilleure la digestion commencée. Mais il serait difficile d'assigner un tout autre moment à l'excrétion de la bile ; sa composition et ses qualités, comme savonneuses, lui font rendre bien plus facile la descente du chyme, et son onctuosité même, en empêchant l'adhérence des parties nutritives aux parois de l'intestin, offre l'avantage de s'opposer encore à la formation d'un mélange nuisible entre elle et le produit de la chylification qui s'opère.

31. Arrêtons-nous ici à une remarque sur laquelle une explication peut sembler nécessaire. L'on dit que les alimens arrivés dans le duodénum déterminent une irritation assez vive sur les parois de cet intestin, pour s'étendre jusqu'à la vésicule du fiel, par les conduits cholédoque et cystique, et pour y occasionner instantanément, et la déplétion de cette vésicule, ou le dégorgement de la bile qu'elle contient,

et l'afflux dans des proportions considérables de celle qui vient du foie. *Dict. des Sc. m. Art. bile*, *p.* 129. Dans le cas où le phénomène se trouverait bien constaté, l'on doit se demander pour quelle utilité les produits de la sécrétion du foie sont fournis de deux manières différentes, c'est-à-dire quand ils ont été une fois déposés, puis en même temps au fur et à mesure de leur sécrétion, et sans avoir été préalablement conduits dans la vésicule. N'est-il pas plus simple d'admettre que, du moment où cette dernière se rencontre dans les animaux, c'est que la nature avait pour but de ne faire concourir l'expulsion de la bile qu'avec certaines circonstances qui lui permissent d'être impunément versée dans le duodénum, tandis que dans quelques genres, comme l'éléphant, le cheval, le cerf, la souris, le rat commun, etc., chez qui les fonctions digestives se font toutefois comme celles des autres mammifères, le mode particulier que l'on observe dans l'écoulement de la bile ne fait aucunement souffrir la digestion de l'absence de quelques-unes des parties qui rendent plus compliqué ce même appareil dans de certains êtres?

32. Pour prouver l'utilité de la bile et les modifications qu'elle concourt à imprimer à la masse du chyme et des parties nutritives, l'on signale l'espèce de communauté que semblent partager les deux conduits cholédoque et pancréatique, en aboutissant l'un et l'autre au même endroit du duodénum, ou même en se confondant en un seul tronc, comme on l'observe quelquefois, avant leur arrivée dans l'intestin. L'on part de là pour faire ressortir l'identité de leurs fonctions et le rapport direct de l'utilité de leurs fluides. L'on a cru devoir nécessairement admettre de la part de l'un et de l'autre, pour l'absorption du chyle, une égalité d'avantages fondée sur une corrélation intime, il

est vrai, quant à la disposition anatomique, mais qui peut cesser de l'être quant à leurs usages et au but physiologique qu'ils doivent remplir. Le suc pancréatique, analogue à la salive, ne pourrait-il pas se charger tout seul de la fonction dont on gratifie la bile avec lui? Et, quant à l'influence qu'il exerce sur le produit alimentaire et qui se fait sentir en même temps que la bile s'écoule et s'épanche, la nature n'avait-elle pas en vue de ménager une précieuse ressource pour la parfaite intégrité de tout ce qui doit être digéré, en disposant le suc pancréatique comme une sorte de correctif destiné à s'opposer à un mélange capable de nuire au travail déjà commencé, qui se prépare avec de nouvelles conditions pour l'absorption des chylifères, et qui se perfectionne enfin avec le surcroît d'un produit dont l'utilité s'est déjà fait sentir dans l'estomac? Le pancréas semble avoir été disposé au-dessous de ce dernier, à l'instar d'un relais propre à faciliter la route déjà parcourue par les alimens. Car les qualités du fluide salivaire, avec lequel le fluide pancréatique a une ressemblance reconnue depuis long-temps, en s'épuisant dans l'estomac, se renouvellent activement, en quelque sorte, dans le duodénum, pour l'avantage des vaisseaux absorbans, et pour empêcher toute combinaison sans doute avec des matières impures et capables d'entraver la digestion.

33. La suite de l'examen des différentes propriétés de la bile nous fait voir que les conditions de sa pesanteur même la rapprochent plutôt des fluides excrémentiels que des fluides assimilables, tels que le sang et le lait. Plus légère que ces derniers, elle paraît posséder sous ce point de vue certains rapports d'identité avec quelques-uns des liquides qui, comme l'urine et la sueur, ne jouissent d'aucune influence réparatrice pour l'économie.

34. Il est donc permis de croire que si la bile remplit
un rôle important dans les phénomènes de la digestion, ce
n'est assurément pas comme étant une humeur récrémentitielle. Il y a plus, c'est que l'on pourrait fort bien admettre
qu'elle n'est douée d'aucun principe qui puisse se combi-
ner avec la masse chymeuse. J'ajouterai que, si petite que
soit la quantité de certains élémens de la bile qui se trouvent
dans le sang, cela résulte de la manière dont le foie n'éli-
mine tous ces élémens que dans de certaines mesures : il n'en
soustrait pas la masse entière, étant semblable aux reins
qui ne pompent, ne filtrent et ne portent au-dehors de
l'économie, qu'en des proportions déterminées, la sérosité
qui doit faire la matière de l'urine. Les anciens anatomistes, Sylvius entre autres, admettaient la présence d'une
certaine quantité de bile dans le fluide sanguin ; c'était la
partie la plus légère, et l'autre se trouvait reportée dans
l'intestin. MM. Dujardin et Verger ont adressé à l'Académie
des Sciences, il y a peu de temps, des recherches anato-
miques et microscopiques qui les portent à considérer l'artère hépatique comme fournissant les élémens digestifs de
la bile, tandis que la veine porte en dégagerait la portion
excrémentielle. Mais on a vu, dans le cours du 3e paragraphe, en quoi nos sentimens diffèrent sur le rôle que
remplit l'artère hépatique.

35. Je ne saurais passer sous silence une réflexion que
l'on peut faire, en lui donnant même la valeur d'une objection en apparence fondée, au sujet de la distribution des
conduits biliaires. Pourquoi le canal cholédoque va-t-il se
rendre au commencement du tube intestinal, si le fluide
qu'il laisse écouler est seulement excrémentiel ? Il serait
bien plus simple que ce canal s'ouvrit vers un point quelconque du gros intestin. Naturellement les circonvolutions

semblent se prêter à une disposition qui, au premier aperçu, paraît offrir toute sorte d'accommodement à cet effet. La bile, disait-on, est à coup sûr une humeur bien utile et récrémentitielle, *alioquin poterat ductus ille (communis biliarius) excretorius æque, imo commodius implantari intestino crasso, cum illud propinquius hepati et vesiculæ fellis adjaceat. Verheyen.*

Il est à croire que, si le conduit commun de la bile aboutissait à la portion transverse du côlon, laquelle se trouve à droite presque en contact avec la vésicule du fiel, les parties auraient eu constamment à souffrir d'un pareil mode de jonction, qui d'ailleurs s'est présenté quelquefois, *qualis esse debuit, exempli gratia, ille cui in colon implantabatur choledochus a M. A. Severino Neapoli dissectus. Barthol.* Car, indépendamment des usages que l'on doit attribuer à la bile, la fluctuation, jointe à la mobilité et aux effets variables de dimension et de situation que le gros intestin est susceptible de prendre à divers instans, aurait été une cause continuelle d'obstacles et d'entraves pour le libre écoulement d'un liquide dont le canal ne pouvait qu'au moyen de la fixité de son insertion en faciliter le dégagement; le duodénum est la seule partie des intestins qui présente les conditions nécessaires en pareil cas.

36. Il n'est personne d'ailleurs qui ne soit disposé à établir un rapport direct entre l'insertion du canal cholédoque, la bile qui en découle et les parois de la masse intestinale. La bile, en effet, sert à lubréfier le pourtour des intestins; l'onctuosité, la viscosité même dont elle est pourvue facilitent la transmission au dehors de tout ce qui est en contact avec le tube digestif.

Sous ce dernier point de vue, l'utilité de la bile est un fait hors de doute : cette utilité est même continuelle et sou-

tenue dans son action, puisqu'elle se fait sentir depuis le
commencement du tube intestinal, dont la bile parcourt
avec les autres matières les nombreuses circonvolutions. Le
fluide biliaire augmente, dit-on encore, la faculté expul-
trice des intestins ; il peut s'agréger aussi les matières qui
ne sont plus assimilables, et les entraîner dans son départ.

Il est bon de rappeler un fait qui paraît être incontestable, et qui donne un nouveau degré d'importance aux propriétés de la bile : c'est la faculté qu'elle possède de n'avoir
aucune tendance à la putridité. L'on a dit, il y a long-temps,
qu'elle modère et qu'elle ralentit la putréfaction des substances qui y sont le plus disposées, et qu'il y a peu d'humeurs qui puissent soutenir aussi bien le contact de l'air
sans se corrompre. Je ne m'étendrai pas davantage là-dessus ; l'on n'aura qu'à consulter les dissertations de Ramsay,
de bile, Édimb. 1775 ; de Schræder, *de bil. virtut. exper.*, etc.,
pour avoir la preuve que de la bile prise chez des personnes
qui avaient succombé à des affections corruptibles d'un
très-malin caractère pouvait aussi bien se conserver que
de la bile ordinaire. L'humeur excrémentielle dont il s'agit
trouverait alors dans ses élémens de quoi retarder la *pu-
trescence* de toutes les matières non alibiles des intestins :
nous verrons cependant plus loin qu'elle est susceptible d'y
déterminer de grands désordres aux yeux de quelques médecins modernes.

37. D'après toutes ces considérations, il est clair que nous
ne cherchons pas à déposséder le fluide biliaire des avantages
et des qualités dont il est enrichi. Je viens de faire mention
des premiers ; quant à ses qualités, je pense qu'elles doivent
être restreintes d'après des recherches basées sur son origine, sa composition, sa comparaison avec d'autres fluides,
et sur les différences qui l'en séparent. Au surplus, je n'hé-

site pas avec nos prédécesseurs à compter la bile au nombre
des humeurs susceptibles d'être utilisées, quelque indigne
qu'ait été jadis supposée sa source; *veteres bilem existima-
bant esse sanguinis sordes et excrementa.* L'on a été à cet
égard jusqu'à la regarder seulement comme une substance
analogue aux ingrédiens plus ou moins actifs qui entrent
dans la composition de nos moyens évacuans ou des clys-
tères. Morgagni, dans la première de ses deux lettres où il
s'attache à l'histoire des découvertes de l'anatomie, confirme cette opinion, en disant : « *Fernelium diserte scri-
psisse bilem ab hepate in intestinum defluam, inutile excre-
mentum esse ; — vix ad instar naturalis clysteris propria
acrimonia, et mordacitate irritans intestina.* » p. 175.
1728. Sous ce rapport, on a cru devoir intervertir l'ordre
des mots qui avaient eu pendant si long-temps un grand
écho dans les écoles, et l'on dut cesser d'appeler la veine
porte *porta malorum.* Certes, disait-on, si la bile remplit
l'office de clystère naturel, la veine porte nous guérit de
bien des maux qu'engendreraient à coup sûr l'inertie et la
paresse ordinaires aux intestins; *itaque vena porta, porta
salutis dici meretur. Juncker, consp. physiol.*

Ce serait avec le secours d'une espèce de force balsami-
que que la bile préserverait les parties chyleuses et vérita-
blement nutritives de l'état de corruption dont les intestins
semblent être habituellement le siége, et qu'elle serait
comme un dissolvant efficace du mucus des intestins, en
atténuant les effets de la trop grande épaisseur de ce mucus,
de sa consistance et de sa ténacité que l'on trouve générale-
lement exagérée.

38. L'on a prétendu que la bile avait l'avantage de dé-
truire les vers intestinaux. Si le fait était exact, dit ingénu-
ment un anatomiste du siècle précédent, je ne vois pas

pourquoi la nature n'aurait pas fait verser la bile dans l'estomac plutôt qu'au-dessous de ce viscère ; car c'est aussi là qu'on les rencontre bien fréquemment. *Cur saltem non aliquis ramus biliarius implantaretur ventriculo ubi frequenter gignuntur lumbrici ?* L'on ne savait pas sans doute alors qu'il s'était depuis long-temps présenté des cas où l'on avait vu des vers passer du duodénum dans les conduits biliaires. Aussi demeure-t-il de toute évidence que la bile n'est faite ni pour tuer les vers, ni pour s'opposer à leur multiplication, en détruisant les saburres pituiteuses et les autres principes analogues sous l'action desquels les vers se développent ordinairement.

39. D'après des recherches récentes, celles de M. Lafargue, en particulier, qui s'appuierait de premières données fournies jadis là-dessus par le célèbre Fourcroy, il paraîtrait que la bile serait un des réservoirs de l'hydrogène qui, répandu en trop grande quantité dans les organes, produirait du trouble dans leurs fonctions. Elle se chargerait de l'excédant de cet hydrogène qui concourt à la rendre inflammable, et l'entraînerait au dehors avec les excrémens. Alors le foie rejetterait par les couloirs de la bile le principe hydrogéné qu'il dégage, comme les poumons rejettent par les voies aériennes le principe acide-carbonique dont l'expulsion s'opère en même temps que les organes respiratoires se livrent à une élaboration de la plus grande importance pour l'entretien de la vie. C'était à peu près de cette façon que Stahl envisageait la bile. A ses yeux elle ressemblait à une humeur comme brûlante, qui était destinée à activer la fermentation vitale. En partant de cette idée que le génie de Stahl avait fécondée et appliquée d'une manière heureuse à sa théorie des tempéramens, le grand médecin dont nous parlons expliquait la prédominance bilieuse au moyen

de la matière comme enflammée qui anime la bile ; delà ses
effets sur l'homme où elle se rencontre et chez qui elle entretient tant d'ardeurs continuelles et de fortes passions.

40. Il n'est pas jusqu'aux diverses altérations ou modifications de la bile, sous le rapport de sa couleur et de sa
consistance, qui n'ajoutent quelque poids à notre sentiment
au sujet des assertions que nous avons émises plus haut.
L'on sait que l'influence seule du régime se fait sentir sur le
sang de la veine porte, et sur tous les produits qu'elle dépose.
Une observation vulgaire peut nous convaincre qu'en outre
la bile est en quelque sorte sous la dépendance de l'état
des saisons ; et la prédominance bilieuse que l'on remarque
dans les temps chauds me paraît devoir se rattacher à une
action toute mécanique. En effet, obligé de satisfaire à un
surcroît d'activité comme les glandes salivaires, à l'occasion
de certaines causes qui provoquent en excès leur sécrétion,
le foie peut ressentir d'un état semblable une sorte de fa-
tigue morbide dont les effets sont communément attribués
à la bile, tandis que cette dernière n'est nullement la source
du malaise sur la manifestation duquel on se trompe dans
ce cas. En remontant à la cause provocatrice de la maladie,
saisonière, l'on verrait que plus la bile est dégorgée, et plus
elle concourt à la déplétion du fluide sanguin qui renferme
trop de principes contraires à l'économie. Ce que, dans un
cas pareil, l'on prend pour une pléthore bilieuse, est le résultat d'une masse abondante de fluides versés par la veine
porte, et dont la plus grande partie ne serait jamais assimilable. La bile enfin, en s'écoulant dans les intestins, loin
d'accroître le mal naissant et de nous être préjudiciable, ne
peut que hâter le moment d'une crise faite pour rétablir
l'équilibre des fonctions.

41. L'on voit de certaines altérations nous donner la

preuve que la bile provient du sang de la veine porte. Fo-
déré rappelle dans sa Physiologie positive (T. 2), que Stoll
a trouvé, à l'ouverture de personnes mortes de maladies
graves du foie, une bile très-foncée, comme de la lie de vin,
et qui ressemblait à du sang tout-à-fait noir, comme si le
foie n'avait plus la puissance nécessaire pour soutirer les
principes de la bile. Je pourrais, pour ma part, reproduire
des exemples analogues dont je me suis trouvé témoin dans
le cours de mes études nécroscopiques. D'ailleurs, quelques
anatomistes parlent de matières contenues dans des abcès
du foie, comparables à celle que nous venons de signaler.
C'était comme du sang veineux décomposé qui remplaçait
la bile dont la sécrétion se trouvait alors interrompue.

Au commencement de l'année 1833, à l'Hôtel-Dieu de
Paris, dans le service de M. Bally, auquel j'étais attaché
comme interne et qui a bien voulu accepter la dédicace du
présent Mémoire, j'observai un cas de ce genre extrêmement curieux, chez une femme âgée, qui avait succombé
à la misère et à différentes infirmités. Bien que l'on fût dans
l'hiver, j'eus le regret de ne pouvoir pas conserver, pendant
quelques jours, pour la montrer à la Société Anatomique,
l'altération morbide dont je parle, et que j'avais décou-
verte le plus promptement possible après la mort. Elle était
accompagnée d'un grand ramollissement de tout le parenchyme du foie.

Je vais rapporter, comme fait historique, l'exemple de la
lésion suivante, qui cadre avec ce paragraphe.

Fernel, ce médecin célèbre du milieu du seizième siècle,
et que nous avons eu l'occasion de citer plus haut, avait
ressenti une douleur si vive de la perte de sa femme, qu'il
tomba dangereusement malade, et qu'il succomba un peu
après le troisième septénaire d'une affection qui parut être

d'abord une fièvre continue. A l'ouverture de son corps
l'on reconnut, comme quelques symptômes l'avaient an-
noncé, que sa maladie était une inflammation du foie. Ce
viscère était extrêmement gonflé, entièrement livide et ver-
dâtre. « En plongeant le scalpel dans sa substance, il sortit
une très-grande quantité de sang noir comme de la poix. »
(Notice sur Fernel (1) écrite par Goulin. Encycl. méth.)

42. Qui pourrait répondre que, dans les ouvertures ca-
davériques, pour des cas de fièvres ataxique, typhoïde et
beaucoup d'autres encore, les inflammations si variées de
la membrane muqueuse intestinale ne se coordonnent pas
avec les changemens de la bile, du mucus de l'intestin et du
foie surtout, dont les forces organiques et physiologiques
sont alors insuffisantes pour améliorer les substances qui
lui arrivent et qui n'ont pas subi une première et convenable élaboration de la part du tube digestif? Ce serait ainsi
que l'infection sanguine s'étendrait et deviendrait générale,
en donnant au malade une apparence de stupeur que l'on
attribue autant au mal ressenti par le système nerveux,
qu'à la lésion du sang lui-même. Ce liquide serait le point
de départ de tout le trouble de l'organisme, à cause de

(1) Pour montrer tout ce qu'il y avait de grandeur d'ame et de
loyauté dans le caractère de Jean Fernel, je me fais un plaisir de citer
le trait qui suit, et qu'il est bon de rappeler aujourd'hui surtout. Henri II,
en montant sur le trône, désirait l'avoir pour son premier médecin.
Fernel répondit au prince à peu près en ces termes : « Sire, le
beau poste que vous me proposez était occupé sous le roi François Ier,
votre prédécesseur, par Louis de Bourges ; il ne serait pas juste de le lui
enlever à présent : quiconque tient une place avec honneur mérite de
la conserver jusqu'au bout. » Cette marque de désintéressement fut
appréciée du roi, qui attacha Fernel à sa personne, avec les témoignages
d'une entière confiance, en 1556, après la mort de Louis de Bourges.

l'altération primitive de l'appareil gastro-hépatique et intestinal, dont les produits, bien loin d'être réparateurs, sont comme dans un état d'infection.

Un médecin des hôpitaux de Paris, M. Delaroque, semble justifier jusqu'à un certain point une semblable manière de voir, à l'égard de la bile qu'il considère comme un principe humoral très-malfaisant dans l'entérite typhoémique, et dont l'expulsion doit être favorisée à l'aide des purgatifs : les moyens évacuans constituent de la part de ce médecin l'unique base du traitement contre tous les désordres que provoque alors cette bile altérée. Les remèdes qui modifient le mal dans l'intestin même ne remplissent-ils pas un semblable but ? L'on va voir la différence que nous établissons ici pour la bile.

43. Les nombreuses maladies dont le foie peut être le siége, avons-nous dit, doivent exercer une influence plus ou moins fâcheuse sur le sang et sur la sécrétion de la bile en même temps, et de bien des manières ; nous avons ajouté que c'était moins à ce dernier fluide qu'au produit sanguin qu'il fallait attribuer la cause du malaise général. L'on voit par-là que nous ne partageons pas l'opinion de ceux qui avancent que les lésions du foie ont un certain retentissement sur l'économie, au moyen de la bile qui est viciée, en supposant que ce suc dissolvant, dès qu'il cesse d'avoir cette propriété, exerce de pernicieux effets sur les alimens et nuit de la sorte à toutes les fonctions. Quand l'urine éprouve une altération quelconque, ce n'est pas elle cependant qui se trouve pour beaucoup dans l'appareil morbide qui devient assez souvent général. Ce sont les reins et leurs dépendances qui provoquent le fâcheux état qui résulte de pareilles altérations. Qu'un organe soit en souffrance, comme une glande importante par son volume et ses usages, des

produits qui s'en dégagent, c'est moins le résidu qui fait mal à l'économie, que la matière extraite de ce résidu qui doit être assimilable, et profiter autant que possible à tout le corps, comme elle lui devient une cause de détriment et de perte même, quand elle a été mal préparée.

44. Il en est de même des produits de la sécrétion biliaire et urinaire, sous le rapport de leurs caractères physiques, qui sont variables et changeans dans leur teinte et dans leur apparence, aussi bien chez les différens sujets que chez le même individu.

A cet égard, l'on ne peut s'empêcher de rappeler quels sont les avantages que l'on retire de l'examen direct de l'urine. Souvent ce liquide nous fournit des renseignemens utiles pour l'appréciation des maladies des reins, tandis que l'on doit regretter d'être en partie privé de cette ressource investigatrice pour la bile, dont l'examen ne nous permet de saisir qu'un nombre très-restreint de caractères capables de nous donner quelques indices sur les lésions de l'organe d'où elle tire son origine. Mélangée, comme elle l'est, avec tant de matières superflues, décomposées et altérées; parcourant toutes les circonvolutions d'un conduit toujours imprégné de produits divers et qui modifient sans cesse l'état où elle se trouve en quittant la vésicule, la bile, dans les conditions où elle est alors recueillie, ne peut pas nous éclairer sur ses véritables caractères autant que l'urine, et, comme cette dernière, nous amener à une aussi grande précision de diagnostiques dans de certaines maladies.

45. S'il est une circonstance qui nous donne surtout les moyens d'établir une comparaison fondée entre les fluides sécrétés par le foie et par les reins, et envisagés comme produits excrémentiels, c'est celle qui se rattache au point de vue d'une affection dont l'un et l'autre liquides nous

offrent de nombreux exemples. Nous voulons parler de l'état concret et de la solidification qu'ils présentent souvent. Il suffirait même d'invoquer cette forme pathologique pour établir une identité assez parfaite entre les fonctions importantes dont se trouvent chargés ces deux appareils glanduleux créés pour l'épuration alimentaire. L'on peut dire qu'il en est de même des calculs biliaires que de ceux qu'engendrent les reins, c'est-à-dire que les uns et les autres, d'après l'analyse chimique, ne diffèrent pas beaucoup, dans leur composition, de l'ensemble des principes que l'on trouve dans le fluide qui leur a donné naissance. L'on cite des observations de maladies calculeuses de foie et de la vésicule biliaire, dans un rapport à peu près égal au même genre d'affection de la part des reins et de la vessie.

46. S'il n'était pas hors de mon sujet de m'occuper avec plus d'étendue d'une sorte de rapprochement entre les appareils de la bile et de l'urine, il me paraîtrait aisé de m'appesantir sur les autres caractères morbides que ces deux liquides et les organes qui les produisent sont susceptibles de déterminer. Ainsi l'on parle d'un état contraire au précédent : c'est l'atténuation de la bile, ce qui suppose une proportion exagérée de ses parties aqueuses, état particulier qui doit coïncider avec de certains épanchemens abdominaux. N'avons-nous pas une altération comparable à signaler dans les reins et le liquide qu'ils rejettent, ou l'urine, quand elle est dépourvue en partie des matériaux qui la constituent dans l'état naturel, et quand son abondance sans cesse renouvelée, comme dans les diabétès, donne lieu à une maladie grave, sorte de consomption qui devient presque toujours mortelle, si l'habileté du médecin ne peut pas parvenir à en arrêter les progrès ?

47. Existerait-il une espèce de solidarité entre les deux appareils des reins et du foie? Quelques faits et des expériences suffiraient-ils pour faire croire qu'il en serait ainsi? Enfin, il paraît que dans le cas d'ablation des reins, une partie des principes de l'urine se reporte vers l'appareil hépatique pour se mélanger avec la bile; et il résulte de plusieurs recherches faites par M. le professeur Richerand, que l'on pourrait croire que l'urée aurait alors en quelque sorte cherché à sortir par cette voie, en s'unissant au fluide biliaire.

48. Pour terminer mes recherches par une proposition que je présente comme le corollaire de toutes celles qui constituent ce travail, je dirai que je me crois dans les limites de la vérité, en avançant que, quand les fluides sanguins sont en contact dans le foie avec les différens globules dont l'ensemble forme ce volumineux viscère, alors, par un effet de la puissance vitale et dans un moment insaisissable, il doit s'effectuer en faveur de l'hématose un échange de principes entre ces fluides, comme il arrive dans les bronches entre l'air atmosphérique et le sang veineux que les poumons reçoivent. Je pense enfin que le foie n'est pas seulement et simplement un organe de sécrétion, attendu que le liquide biliaire qu'il dépose ne me présente aucun des caractères qui en font une humeur ni bien utile, ni bien essentielle; et je ne concevrais pas d'après cela pourquoi la nature aurait créé un organe aussi considérable, pour d'aussi faibles et d'aussi minces résultats.

C'est une circonstance à laquelle je prie le lecteur d'apporter une certaine attention, circonstance importante pour mon sujet, et qui m'a toujours dirigé dans la rédaction de cette brochure, celle qui me fit entrevoir la cause de différences réelles entre les divers appareils d'organes que

4

j'ai examinés, le foie et la veine porte; le but du premier relativement à la seconde, les modifications qu'ils concourent à s'imprimer mutuellement tous les deux, et le résultat de ces mêmes modifications sur l'économie. Notre pensée serait bien infidèlement traduite, si l'on nous supposait l'intention de faire croire qu'il existe dans le sang de la veine porte des élémens semblables à ceux de la bile, et que l'analyse chimique reproduirait avec tous les caractères que l'on trouve dans ce fluide. Les conditions physiologiques que nous admettons dans le sang se bornent à quelques différences de la part de ce liquide, lesquelles cessent d'exister après son passage dans le foie. Nous nous gardons bien de rien spécifier sur cette matière; car il nous semble convenable aujourd'hui plus que jamais d'éviter l'écueil où menacent de nous conduire ceux qui s'efforcent d'aller trop loin dans l'interprétation des mystères de l'organisme, avec des ressources qu'accorde difficilement la nature. La valeur de tant d'opinions diverses dans des sujets semblables est souvent fondée sur la singularité de quelques hypothèses ingénieuses. L'on se croit autorisé à ne pas craindre d'en augmenter le nombre, à cause de l'indifférence que l'on a pour ceux qui les produisent, et le silence qui les accueille passe sans doute pour un droit acquis en leur faveur.

Au surplus, toute cette partie de l'histoire physiologique des organes que je viens d'examiner est enveloppée d'une obscurité si grande, et il est si difficile de pénétrer les secrets qui nous cachent le mécanisme de pareilles fonctions, qu'il est au moins utile de ne rien rejeter là-dessus, comme de ne rien adopter non plus d'une manière trop exclusive. Assurément, dans un travail aussi délicat, l'on pourra tolérer nos efforts pour assigner des motifs de quelque préférence à de certaines propositions dont la valeur repose sur l'importance du sujet, et sur la simplicité des moyens avec lesquels on peut arriver, par la voie de l'analogie, à une connaissance plus précise qu'auparavant des usages du foie et de la veine porte. Nous rappellerons en même temps que nous n'avons été conduit à toutes ces considérations, qui sont présentées de notre part comme des études préliminaires, que dans le but d'aborder certains points de l'histoire des maladies de ces mêmes organes, avec quelques chances qui nous permissent d'en éclairer la nature, d'en mieux saisir aussi les rapports et les différences, et d'en préciser le traitement d'une manière plus positive.

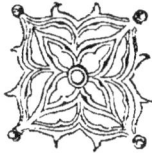

www.ingramcontent.com/pod-product-compliance
Lightning Source LLC
Chambersburg PA
CBHW050538210326
41520CB00012B/2621